WAS IST WAS

学习源自好奇 科学改变未来

 未来能源
山地黄风电网

 探索月球
神秘西银大

 神奇地球
蔚蓝的家园

 神秘机器人
人工智能和超级好帮手

奇妙的人体
大自然的奇迹

深海之谜
生机勃勃的黑暗国度

 太空之旅
深入宇宙的探险

走进热带雨林
地球的绿色宝库

宇宙中的星体
打开探索宇宙的大门

伟大的发明
天才与灵感的杰作

 神奇的火车
旧有轨助迈向未来

沙漠之旅
驼队、绿洲和无尽的远方

显微镜探秘
肉眼看不见的微小世界

野生动物
从来被机保的野性

 奇趣萌宠
人类的好朋友

鸟类不简单
天空中的杂技演员

神秘的古埃及
尼罗河畔的金色帝国

印第安人
北美原住民

 伟大的探险家
插着地幻的脚步，探索全世界

未来世界
一切均在变化之中

蛇的故事
拥有锐利感官的猎手

考古探秘
发掘历史的宝藏

 马的生活
人类忠实的伙伴

 舞蹈的魅力
含拍拉网

 生物质资源
植物动力引领未来

 2023 NEW

 石器时代
火的控制与使用

2023 NEW

第一辑·全10册

第二辑·全10册

第三辑·全10册

第四辑·全10册

第五辑·全10册

第六辑·全10册

第七辑·全8册

狼的故事

走进荒野猎食者的领地

[德] 蒂尔·梅耶尔／著　张依妮／译

航空工业出版社

方便区分出
不同的主题!

真相
大搜查

26

两匹狼已经算是一个狼群了吗?在这里,你将了解到狼群的大小,以及为什么家人如此重要。

你知道有些狼也会吃三文鱼吗?看看都有谁的菜单上有鱼?

6

符号 ▶ 代表内容特别有趣!

20

乌鸦既是狼的竞争者,又是狼的受益者。

28

狼崽吃什么？这两只狼崽正在高兴地等待谁呢？什么时候它们才能出去捕猎呢？你在书里可以找到答案。

44

这些小狼生活在德国野外。想知道是谁拍的照片吗？看看这里吧！

34

狼不止通过嗥叫来相互沟通。看看在狼的语言中，耳朵后伏是什么意思吧！

重要名词解释！

荒野的呼唤

今天早晨，我又一次独自来到加拿大的荒野。上午，我参观了道森市的淘金老城区；下午，我在育空河上划船顺流而下。现在已经是九月中旬，水上几乎没有其他小船，一片冷清，但我喜欢亚北极的深秋。我停靠在一个美丽的沙滩上，走上岸并准备野外露营。白天已经明显缩短了——我必须尽早靠岸，在篝火旁煮熟晚餐，并且寻找合适的宿营地。一条小径将我引到一个山坡上，那里有当地人正在建造的一座小木屋。这是一个理想的休息地点。木屋最上层的地板已经被铺好，但屋顶还没有建成，我可以摊开睡袋，躺在星空下，避开灰熊度过夜晚。

夜里的嗥叫

不知何时，月亮已经升起，照亮了我眼前的那片小空地。除了远处一只猫头鹰的叫声之外，一切都很安静。突然，我看到一个影子在空地边缘缓缓移动。当我意识到这是一匹狼时，我的心都快跳出来了。狼长时间站立在树木旁，然后它抬起头，开始嗥叫。它寂寞的歌声贯穿了我的心灵，我从来没有听到过如此美丽的歌声。狼一次又一次地呼唤着同类，它长长的嗥叫声像飘在树上的薄雾一样。狼唱了一个小时，对我来说却像是一个世纪。然后它默默地消失在森林里，就如它来的时候一样。

童年梦想成真

我一直梦想着亲眼看到一匹野狼，这次经历促使我决定更深入地了解这种美丽的动物。在接下来的几年中，我学习了林学和野生生物学。后来我回到加拿大育空地区，甚至在那里写了关于狼的毕业论文。之后我在罗马尼亚喀尔巴阡山脉开始了狼群的研究和保护。二十年后的今天，我仍然住在罗马尼亚，从事各种自然保护项目。但那匹狼一直保存在我的脑海中，育空河边的经历就好像刚刚发生。

那是荒野的呼唤！

克里斯多夫的妻子芭芭拉是一位生物学家，他们现在一起在罗马尼亚工作和生活。

克里斯多夫·庞贝格

克里斯多夫在慕尼黑学习了林学，为了完成毕业论文，他曾经前往加拿大追踪狼群数周。克里斯多夫为慕尼黑野生动物协会运作了许多野生动物管理项目。

狼生活在哪里？

如果你家里有地球仪，或在地理课上使用地球仪，只要轻轻一转就可以找到狼的栖息地。狼曾经生活在北半球的几乎所有地方。如今狼仍然生活在其中某些地区，或又重新居住在那里。令人难以置信的是，除了人类之外，狼是自然界中分布范围最广的哺乳动物。

狼生活在各种不同的植被区和气候区。它们在西伯利亚和阿拉斯加的北极冻原（苔原），以及加拿大和俄罗斯成片的针叶林（泰加林带）中都很常见。然而，狼不仅习惯了孤独和寒冷的偏远地区，在意大利和西班牙，狼还生活在人文景观丰富的地区，甚至敢到城市的郊区去。在墨西哥、阿拉伯半岛、印度、中国、蒙古、伊朗和土耳其也有狼，这充分证明了这种动物的适应能力有多强。

狼的栖息地还包括荒漠、半荒漠、森林和山区。甚至在意大利和瑞士的阿尔卑斯山脉中也有它们的身影。

怎样区分狼

狼具有不同的颜色和体型。有黑白的、灰红的、黑黄的，甚至条纹图案和金色的狼。根据各种外在特征，人们以前把狼分为 39 个亚种。利用现代分子生物学技术可以确定血液和骨细胞中的基因组，因此狼现在又被分成 13 个亚种：北美有 5 种，欧洲和亚洲有 8 种。

阿拉伯狼

体重	不超过20千克
身高	肩高不超过50厘米
皮毛	短而稀疏，大多数呈棕色，有大大的耳朵。
食物	小型哺乳动物、爬行动物和鸟类。
特点	体型最小、体重最轻的亚种；为了避开酷热的天气，习惯在夜间狩猎。

欧亚狼

体重	30~50千克
身高	肩高60~90厘米
皮毛	各种灰棕色，也有白色和黑色。
食物	狍子、马鹿、野猪，还有鸟类和鱼类。
特点	面部线条很明显，有着引人注目的面部图案。

利用新方法可以清楚地看到，即使在一个亚种内，狼的大小和毛色也可以相差很大。两者都是对气候的适应所导致的结果。医生和动物学家卡尔·贝格曼早在 1847 年就发现了一条规律：越是在寒冷的地区，某个物种的动物的体型就越大，并且动物的颜色也与周围环境有关。这也同样适用于狼。因此在无树的苔原上有更多的白狼，而深色的狼更倾向于生活在森林地区，黄色和棕色的狼则往往来自荒漠和半荒漠。

北极狼

体重	60~80千克
身高	肩高70~85厘米
皮毛	白色
食物	驼鹿、北美驯鹿，还有旅鼠和雪兔。
特点	在极北地区，北极狼没有被人类猎杀的威胁，因此它们几乎不怕人。

东加拿大狼

体重	约40千克
身高	肩高70~90厘米
皮毛	主要是黑色和灰黑色
食物	哺乳动物、鸟类、鱼类，还有植物和树根。
特点	于1775年被发现，第一个在北美地区被官方记录的狼亚种。

墨西哥狼

体重	35~45千克
身高	肩高60~80厘米
皮毛	灰棕色到浅棕色之间，有深色条纹。
食物	大型野生动物，缺乏食物时也会吃兔子和老鼠。
特点	极其罕见，在美国已经灭绝，只有少数还生活在墨西哥。

爱吃鱼的狼

比起狩猎，有些狼似乎更喜欢捕鱼。加拿大的研究人员注意到，不列颠哥伦比亚省（加拿大的一个省）的狼在秋季几乎只吃三文鱼。

➡ 你知道吗？

美国黄石国家公园里浅色狼和深色狼混合的狼群表明，这些动物的祖父母可能来自加拿大，因为那里有深色的森林狼和浅色的苔原狼。北美狼和欧亚狼的皮毛都是在狼群中很常见的灰色。

寻找最古老的"原始狼"

汤氏熊

狼的祖先一定具有非常强大的生存能力。大约 1500 万年前，它们周围生活着水牛大小的巨型野猪——恐颌猪，在路上还可能会碰到一种两米高的爪兽——石爪兽，或者敏捷的犀牛类动物——月角犀。汤氏熊是可以持久追捕猎物的猎食者，它拥有强壮的颌骨，并且能够与许多动物相抗衡。人们只在美国发现了它的残骸，但它仍然与欧洲的狼有血缘关系。因为直到一万年前，北美洲和欧洲在阿拉斯加和西伯利亚之间都还有陆桥相连。

狼是狗的祖先，但谁是狼的祖先？这是古生物学家负责研究的问题，因为古生物学家是专门研究灭绝生物和其残余物的科学家。他们在美国、德国和瑞士的几个地方发现了他们想要的东西，还在德国东部城市莱比锡附近的一个废弃褐煤矿区发现了大约 6000 万年前的动物化石。显然当时是热带气候，被发现的动物中有巨蛇、鳄鱼，还有一种叫作冠恐鸟的猛禽，它有三米高，但不会飞。此外还有一种长得像鼬的小型动物，它的长尾巴善于抓握，而且会爬树，研究人员给它取名为细齿兽。像狗和熊一样，细齿兽的爪子不能缩进去，并且与今天所有的食肉动物一样，它的上下颚都长有裂齿。

通过骨骼比较，古生物学家追踪了数百万年间细齿兽家族的变化。他们发现，在大约 1500 万年前，一种动物从细齿兽家族中出现，它被称为汤氏熊。汤氏熊的骨骼像一匹真正的狼，其长长的腿和大型胸廓是持久追捕猎物的猎食者的特征。汤氏熊还有一个特点是强大的颌骨，它使汤氏熊能咬碎大骨头，吃到营养丰富的骨髓。

细齿兽

知识加油站

▶ 细齿兽被认为是所有食肉动物的祖先。

▶ 5000 万年前，细齿兽家族发展出了鼬、猫、灵猫、鬣狗等动物。

▶ 3000 万年前，细齿兽家族继续分化出了浣熊，然后在 1500 万年前分化出了狼的祖先——汤氏熊。

家犬

郊狼　　　狼　　　胡狼

耳郭狐　　　大耳狐

狐狸　　　貉

豺　　　薮犬

非洲野犬　　　汤氏熊　　　鬃狼

人类与狗：一起组成优秀的团队

在数百万年间，汤氏熊慢慢分化出更多的物种。它的后代中不只出现了狼，还有其他犬科食肉动物，例如胡狼、郊狼、野犬和狐狸。但在这些动物中，只有狼与人类有着特殊的关系。远在石器时代，狼就经常隔着一段适当的距离靠近猎人：狼会吃掉猎人没有带回家的剩余猎物。但反过来人类也经常向狼扔石头，赶走它们并且抢走它们的猎物，这样人类不用花费许多力气，就能为家里准备好一份肉食。狼和人类虽然是竞争对手，但不是敌人。

慢慢地，狼越来越相信人类，最后彻底留在了人类的身边。有时候，猎人也会带小狼回家，让它们成为孩子们的玩伴。

无论如何，人类很快就有了一位亲近的家庭成员，它成了人们饲养山羊、绵羊和牛的不可缺少的助手。正是借助由狼所驯养的看守犬，人们才发展了畜牧业。而现在，如果狼靠近村庄和牲口棚，人们会竭尽全力驱赶。

直到今天，狗仍然被用于看守与放牧，或者其他狩猎活动。

好狼的神话

在拉迪亚德·吉卜林1894年出版的《丛林故事》中，人类小孩莫格里在狼群中长大。

"多么小，多么赤裸，多么勇敢！"狼妈妈温柔地说道。小男孩把小狼们推挤到一旁，只为了可以更贴近狼妈妈温暖的皮毛。

这是作家拉迪亚德·吉卜林所写的《丛林故事》的一段内容，他在这本书中讲述了19世纪末，印度小男孩莫格里被一匹母狼抚养长大的故事。

在欧洲古代也有一个这样奇特的故事，据说在公元前750年，双胞胎男孩罗慕路斯和雷穆斯被放进柳条编制的摇篮丢入台伯河里，一匹母狼发现了他们并抚养他们长大。后来，摇篮的发现地变成了罗马城的起源地。

所以，不同于童话故事《小红帽》里的狼，也有一些故事里的狼拥有正面的、与人为善的形象。在日耳曼、希腊和罗马的许多古老传说中，狼是神的助手。在德国，许多家族和城市的徽章都使用了狼的图案，它们象征着力量、智慧、不可战胜的优势和家族意识。

狼孩：事实和传说

从一些童话故事里可以明显看出，以前的人们过着非常贫穷的生活。父母常常不知道如何养活他们众多的孩子，因为一个家庭里有八九个孩子是很常见的。在艰难时期，例如庄稼收成不好时，他们就必须忍饥挨饿地度日。

出于绝望，穷人家的孩子有时被父母遗弃在森林里——就像童话故事《汉赛尔与格莱特》里一样——这种事情应该真的发生过。

被遗弃的孩子由狼抚养长大并且没被狼吃掉，虽然这样的事情不太可能发生，但在理论上也不能被完全排除。狗是狼最近的亲属，我们知道狗在哺乳期也会偶尔接受陌生物种的幼崽。而且有不少成年人成功地进行了与狼群在饲养场共同生活的实验，并被它们视为狼群的一员。当然，这样的实验不允许儿童参与，这是毫无疑问的！

但从实践上和生物学上来看，狼是否有可能抚养人类婴儿呢？

幼狼一般会在 6 周之后断奶，然后它们所得到的食物是母狼事先嚼碎的食物，甚至是从胃里吐出来的食物！而人类婴儿要喝至少半年的母乳，断奶之后他（她）还能够靠吐出来的生肉活下去，这一点是值得怀疑的，即使他（她）还可以吃浆果等其他食物。

因此，虽然世界上的不同地区都流传着"狼孩"传说，但人类孩子在森林里的狼群中健康成长的故事，只是一个与现实无关的传说。

狼的形象常被用作野生动物保护的标志。

被美化的狼

一些动物爱好者高估了狼的重要性，他们把狼当作榜样来崇拜。有人甚至认为只有狼才能恢复自然界的平衡。狼的形象被过度美化，完全无视了狼也可能主动接近人类聚居地，并有时会造成麻烦的事实。

一位摇滚乐手的腿上文着狼的图案，它象征着力量和强大。

罗马城的传说

根据传说，罗马城是由被遗弃在台伯河里的双胞胎罗慕路斯和雷穆斯建立的，他们被一匹母狼发现并抚养长大。

对着月亮嗥叫的狼，被认为象征着对野性的大自然的渴望。

夜间访客：正如在这个模拟场景中所表达的那样，狼在过去往往被描绘成对文明社会的一种威胁。

恶狼的故事

狼并不总是会避开人类的居住地，就像这张在罗马尼亚拍摄的照片所显示的那样。

大约在4万年前，欧洲地区出现了现代人（智人）。大部分时间，他们都在狩猎与采集，并且学习如何在野外生存。

当人类和狼互相需要时

石器时代的人知道很多野外知识，其中一个例子就是：如果天空中出现了许多乌鸦，跟随它们往往就能找到狼群成功捕猎的地方。几个人一起合作，足以从狼群中抢得猎物。对于当时的人们来说，学会在野外生存非常重要，

即使现在，对居住在北极地区的因纽特人和其他原始部落来说也没什么不同。后来通过畜牧业和农业的兴起与发展，许多地区的人越来越减少了对野外资源的依赖。人类的家犬和牧羊犬使狼很难抓到奶牛和绵羊，但狼依然从人类的发展中获益。人们的居住地对狼来说特别具有吸引力，因为森林中砍伐过的空地吸引了许多狍子、鹿和野猪等猎物，而这是由于那里重新长出了灌木和草本植物。因此在许多地区，狼实际上一直都在试图接近人类的居住地。

➡ 你知道吗？

现代人被称为智人（Homo Sapiens），Sapiens是拉丁语，它的意思是"聪明"。人类一直在学习，并且对野生环境的依赖越来越少。

在童话《狼和七只小羊》中，狼的形象是阴险狡诈的。

伪装的狼
童话故事《小红帽》严重损坏了狼的名声。

狼为何声名狼藉？

中世纪的德国已经出现了小城市，因为许多人聚居在一起，所以常常暴发瘟疫。许多瘟疫都无药可治，在战争和饥荒期间也会有大量的人死亡。那时候在城墙外，数百人被一起埋葬的集体坟墓很常见。由于狼也是食腐动物，它们会被城市外的集体坟墓所吸引……因此人们常常将它们与糟糕时期的记忆联系在一起。在这些困难时期，狼的数量也会变多。而当时的传说和童话强化了狼作为邪恶化身的形象。于是在这段历史里，狼的名字与"恶狼"等同。

狼会学习

在 17 世纪和 18 世纪时，武器变得越来越优良。如果众多的领主和国王没有互相打仗，他们就喜欢以狩猎的方式消磨时光。他们需要许多野生动物，这样就可以进行大规模的社交狩猎，并给他们华丽的宴会添加丰富的野味。但他们并不需要狼。因此每杀死一匹"恶狼"，猎手们都能得到奖赏。许多狼成了残忍的陷阱和阴险的毒饵的受害者，只有最聪明、最谨慎的狼才能幸存，并且繁衍下去。如今，狼在许多地区都属于保护动物。它们的数量在增加，并且也重新回到被人类霸占的地区。如果人类不向它们开枪，那么我们偶尔在白天也可以看到它们。在北美洲的黄石国家公园里，狼几乎完全不害怕游客，人们可以很好地观察它们，甚至给它们拍照。在不久的将来，这种情况在其他国家也是很可能出现的。

知识加油站

▶ 狼很聪明，并且能适应各种环境和突发状况，因此它们也被称为"机会主义者"。

▶ 在 19 世纪，很多地区的狼都绝迹了，或被迫回到了无人居住的荒野。

▶ 一些国家至今还允许捕狼，但这通常伴随着严格的规定，这一切都是为了避免狼再次绝迹。

四处徘徊的 意大利狼

在人口众多的巴伐利亚州出现了一匹狼！这张作为证据的照片是 2010 年 11 月 15 日利用"相机陷阱"所拍摄的，相机陷阱是科学家或猎人为了拍摄野生动物，在森林中设置的隐藏自动照相机。显然，这不是最近迁入的第一匹狼。

借助毛发检测可以找到这匹狼的来源。这位"移民"来自 700 多千米外的法国阿尔卑斯山脉上的某个狼群。而那里的狼是从罗马到亚得里亚海岸之间的一片意大利山地——阿布鲁佐移居过来的。与生活在阿尔卑斯山脉的狼不同，阿布鲁佐的狼从未完全消失。

狼主题的旅游产业

在法国和德国巴伐利亚州，很多人经常抱怨迁入的狼。他们认为，阿尔卑斯山脉是一片拥有千年历史的人文景观，而作为荒野象征的狼不应该出现在这里。在意大利的阿布鲁佐，人们对此抱有不同的看法。由于当地特殊的动物世界（那里甚至有熊），意大利政府于 1922 年在此成立了阿布鲁佐国家公园。除了农业之外，旅游业是该地区最主要的收入来源。游客甚至可以体验狼主题的郊游项目——包括寻找踪迹和尝试狼嗥！

阿布鲁佐的另一个重要产业是畜牧业。在国家公园里的特殊区域，畜牧业同样是被允许的。狼的猎物中平均有 6% 是绵羊、山羊、家禽以及很少量的牛，且主要是小牛。剩余的绝大部分猎物是野猪、西方狍和鹿。所以狼的存在和畜牧业的发展并不相斥，为了畜牧业发展而把狼赶尽杀绝是不必要的。

这是巴伐利亚州的一匹狼，它偶然碰到了相机陷阱。这张证据照片拍摄于 2010 年 11 月 15 日。

当狼在吃猎物时，乌鸦们是受益者，它们能得到狼吃剩的猎物。

狼的迁移经常会因为路上的汽车而被突然打断。

埃里克·茨曼和他镜头下的狼（上图），以及二十多年后的他和幼狼们（右图）。

南方的狼

意大利阿布鲁佐的一匹狼，拍摄地在罗马附近。

埃里克·茨曼 (1941—2003)

很少有人像这位瑞典出生的狼专家那样接近过狼。他在巴伐利亚森林国家公园对狼的社交行为进行了长达七年的研究，并且曾经前往意大利阿布鲁佐研究和拍摄野狼。

他从未长时间生活在某座城市，他总是被那些曾经可以听见狼嗥的荒野所吸引。

狼喜欢在人类居住的地方生存

埃里克·茨曼是一位著名的狼专家，他在 20 世纪 70 年代曾经通过遥测技术研究过阿布鲁佐的狼。人们在捕捉野生动物后给它们戴上颈圈发射器，然后利用无线电测向就可以确定这些动物的位置。

经过两年多的研究，茨曼发现阿布鲁佐的大部分狼虽然白天生活在偏僻的荒野，但夜间它们会理所当然地借用人类的街道和小路进行狩猎，这样它们才能在短时间内大面积地搜寻猎物。

有趣的事实

意大利面狼

一些狼不想花费太多功夫去狩猎，所以就在人类的村庄里翻找垃圾，它们获得了"意大利面狼"的绰号。

虽然这些犬种之间有很大的不同，但大丹犬（1）、塞特犬（2）、松狮犬（3）、巴哥犬（4）和约克夏犬（5）都是从狼分化出来的。

野狼和温驯的狗

瑞典自然学者卡尔·冯·林奈（1707 — 1778）为自然界带来了"秩序"。他给各种动物和植物起了一个拉丁学名，并把它们进行系统分类。按照这一体系，狼的拉丁学名是 Canis lupus，它从 1758 年起正式属于食肉目（Carnivora）。林奈给家犬的拉丁学名是 Canis familiaris。但他这里弄错了，家犬的正确拉丁学名应该是 Canis lupus familiaris。这是因为在林奈的体系中还没有发明亚种，而家犬其实是狼的亚种。与此同时，所有种类的狼、狐狸和胡狼都属于犬科动物。

家犬和狼之间的差异

直到最近，人们才得以通过基因技术，即通过解密细胞的基因组，证实家犬与狼之间的"血缘关系"。从单个基因片段可以看出某种特征的突出性，显然，狗的食物以及狗的想法都与狼不同。遗传学家惊奇地发现，狗比狼更容易消化淀粉。淀粉是植物用来贮存能量的一种物质，在植物制品中也同样含有淀粉。种子、块茎和根中所含的淀粉尤其丰富，所以相应的谷物、土豆和面条等主食中也含有很多淀粉。所以这也就证实了一个长期以来的猜想：在石

▶ 你知道吗？

小狼和狗一样，它们仍然调皮和好奇，并且会沿着曲折的路线探索周围环境。而年纪较大的狼通常有具体的事情要做，所以没时间分心，它们尽可能朝目标直线前进，这样才能节省力气。所以，从足迹上可以很容易地分辨出狗和狼。

器时代（约4万年前至1万年前），狼开始与人类变得很亲近。这些狼的消化系统也随着时间开始改变，让它们能很好地适应人类所烹饪的食物。

狗像贪玩的小狼

　　野生动物在成为家畜之前，需要经历好几代的过程，这也被称为"驯化"。驯化给狗带来了一个决定性的优势：它们再也不需要自己去捕猎了。狗的某些大脑功能，如负责战略和攻击的部分，现在也很少能派上用场了。与人类共同生活的关键是沟通，所以狗汪汪叫、嗥叫、呜呜叫的次数都比狼要多得多，而通常只有小狼才会通过这些丰富的声音进行交流。许多狗的行为举止实际上一直都很像狼的幼崽，它们不需要长大，因为始终有人照顾它们。

眼睛和耳朵

通常，狼的耳朵比狗小，而且头骨比狗宽。狼的眼睛角度是倾斜的。

狼

胸廓

与大多数种类的狗相比，狼的胸廓通常更高更窄。

狗

二重身

西伯利亚雪橇犬（哈士奇）的外观和性格都和狼很相似。

腿

从体型来看，几乎所有狗的腿都比狼的腿要短。

不可思议！

家犬和狼约有2万个共同基因，仅有36个基因组区域不同，其中19个区域与脑功能相关，还有10个区域与消化相关。

吃与被吃

狼的味觉

狼可以尝出酸甜苦辣。它的舌头和我们的一样拥有味蕾。

狼吞虎咽

狼捕获了一只西方狍，并在接下来的几天内把它吃光——这属于自然现象，并且也是生态学的一部分。西方狍只是其中的一个环节，在狼抓到它之前，它可能还正在森林的空地边啃食嫩芽。生态学是研究生物体与其周围环境（包括非生物环境和生物环境）相互关系的学科，像我们所看到的狼、狍和嫩芽，这种相互关系主要取决于生物的饮食习惯。为了理解这些相互关系，研究人员发明了生态金字塔图。

某些动物是其他动物的食物来源

生态金字塔的最底层是生产者，它们是植物，能利用光、氧气、水和矿物质生产富含能量的生物质；上面一层是初级消费者，它们是依靠植物生活的动物，包括西方狍、牛、羊和其他人类家畜。当然，许多吃嫩芽和种子的鸟类，以及吃浆果和吮吸花蜜的昆虫也属于此类；食草动物形成了二级消费者的食物基础，二级消费者就是以其他动物为食的食肉动物，它们也被称为"捕食者"，包括以老鼠为食的狐狸，还有捕捉其他昆虫的蜻蜓、蜘蛛等；狼属于三级消费者，还有亚洲的老虎和北极的北极熊，这些动物在食肉动物中扮演着特殊的角色。

孤独的顶端

在德国，一匹狼平均每年吃掉60只西方狍、15头野猪和10头鹿，这个数量可以说是相当多。因此狼也需要很大的生存空间，以免吓走猎物，或者甚至吃光它们。一个狼群需要150~350平方千米的栖息地，它们也会防御外来的狼，保卫自己的领地。主要以啮齿动物和鸟类为食的独行性动物狐狸，只需要2~5平方千米的小型领地。而即使是像西方狍和鹿这样的大型食草动物，也只需要几平方千米的小领地。基本原则是：动物的数量受到其可支配的食物和猎物的限制。动物在生态金字塔上所处的级别越高，它们所需的空间就越大。因此，某种食肉动物彻底消灭它们的猎物几乎是不可能的事情。

知识加油站

▶ 如果有许多种不同的食肉动物存在，这对其他的动物可能会是有利的。

▶ 狼经过的地方一般很少能看见狐狸，这对一些鸟类可能会产生有利的影响。

▶ 如果没有狐狸，猫头鹰会捉到更多的老鼠，所以当一匹狼在它的领地里嗥叫时，猫头鹰就会非常高兴。

一匹狼平均每年吃掉60只西方狍、15头野猪和10头鹿。

三级消费者

这些动物有时被称为"高级食肉动物"，或被称为"二级食肉动物"。它们会猎杀并食用二级消费者中的其他食肉动物。雕鸮、狼和金雕会吃狐狸，这样它们能够帮助一些罕见的鸟类——如黑琴鸡的幼鸟——生活在一个更安全的环境里。作为杂食动物，棕熊在生态塔的各层上都可以找到美味的食物。熊特别喜欢在秋季吃甜浆果，这样它们就可以为冬眠存储脂肪。

二级消费者

食肉的哺乳动物与食虫的鸟类是自然景观尚未遭到严重破坏的标志。这表明树皮下有足够的小动物供啄木鸟食用，空中有足够的小动物供蝙蝠食用，地面上和土壤里有足够的小动物供刺猬食用，猛禽和其他食肉动物也能找到足够的动物来吃。

初级消费者

大自然中的多数动物都以浆果、根、嫩芽、种子和植物的花蜜为食。山雀和老鼠吃浆果和种子，西方狍和鹿爱吃草和嫩芽，兔子和野猪喜欢吃根菜类蔬菜。不要忘记，还有吮吸花蜜和啃咬植物的各种昆虫。

生产者

绿色植物利用太阳能将土壤和空气中的无机物转化成能够被动物食用的有机产物，同时植物能够产生我们呼吸所需的氧气。

生态金字塔

狼吃什么?

研究狼有的时候并不是一件让人食欲大开的事情。为了了解狼吃什么,科学家们必须收集和评估狼的粪便样本。根据未消化的骨头残渣,以及毛发和牙齿,他们可以计算猎物中各种动物的比例。然而,为了获得有意义的结果,只检查一个狼粪样本是不够的,科学家们至少要用显微镜观察数百个粪便样本。

狼也需要碳水化合物和维生素

狼属于食肉目,也就是食肉动物。但如果狼只吃动物肉,它们很快就会出现营养缺乏症状,并且更容易生病。因为狼像人类一样,也需要摄入膳食纤维、维生素和碳水化合物。

虽然狼偶尔也会吃新鲜水果,但它们的消化系统无法分解植物的细胞结构。因此,狼更爱吃地上的烂果子。

狼从食物中获取的大部分维生素都来自猎物内脏中已经消化过的食物糊。毛发、羽毛以及昆虫的甲壳都具有膳食纤维的功能,它们能让狼的消化系统保持健康。所以,狼偶尔也喜欢吃一些甲壳虫。

➡ 你知道吗?

动物研究者们经常要去野生动物的栖息地捡拾粪便来观察,有的时候借助工具,有的时候甚至直接用手!

不可思议!

在没有食物的情况下,狼也可以活两周。如果它们成功抓到猎物,一次能吞吃 10 千克的食物。

生态警察和清道夫

除了粪便样本外，科学家也通过寻找和评估被狼捕获的猎物来进行研究。对了解狼的人来说，这并不奇怪，因为狼总是猎杀它们最容易抓到的动物。其中不包括已成年、防卫能力很强的野猪，还有必须通过长时间追赶才能捕捉到的敏捷的西方狍。

在对猎物残骸的研究中也能清楚地看到，狼主要的猎物是动物幼崽，以及年老、生病和受伤的成年动物。

一匹成年狼平均每天要吃 2~3 千克的食物。在它们再次狩猎之前，它们会把杀死的猎物分多次吃完。

狼再次狩猎的时间会在很大程度上受到其他因素的影响，因为狼一离开，乌鸦、狐狸或猛禽就会扑向猎物，享受狼群吃剩的肉，直到什么都不剩下。分享猎物的动物越多，狼群就必须越早去再次狩猎。

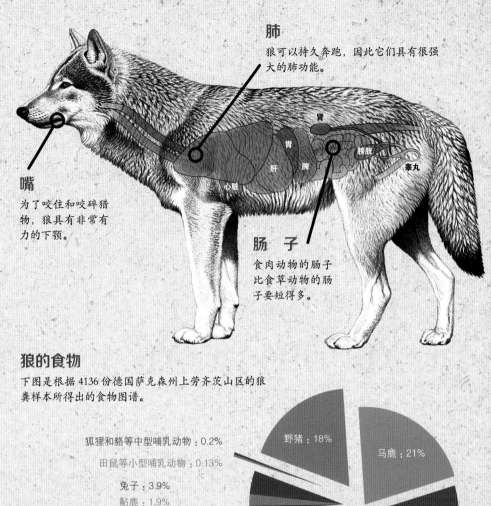

肺
狼可以持久奔跑，因此它们具有很强大的肺功能。

肾

胃 膀胱

脾 睾丸

肝

心脏

嘴
为了咬住和咬碎猎物，狼具有非常有力的下颚。

肠子
食肉动物的肠子比食草动物的肠子要短得多。

狼的食物

下图是根据 4136 份德国萨克森州上劳齐茨山区的狼粪样本所得出的食物图谱。

狐狸和貂等中型哺乳动物：0.2%

田鼠等小型哺乳动物：0.13%

兔子：3.9%

驯鹿：1.9%

家畜：0.75%

欧洲盘羊：0.6%　　果实：0.07%

鸟类：0.02%

野猪：18%

马鹿：21%

西方狍：52%

狼不挑食，它可以吃鸟类、两栖动物，甚至连昆虫都不嫌弃。德国本地野生动物，如西方狍、马鹿和野猪，满足了狼的大部分能量需求。

美国西部荒野的第一位 野生生物学家

在许多美国西部荒野故事中，野生动物中的狼、美洲狮、灰熊、驼鹿等扮演了重要角色。而对于奥尔多·利奥波德来说，这些动物尤其重要。奥尔多·利奥波德生于 1887 年，逝世于 1948 年。他是美国的野生生物学家，但他的祖父辈是德裔移民。如今，奥尔多·利奥波德被视为现代生态学的先驱，这门学科主要研究人类、动物和植物在环境中的相互作用。

现代生态学的先驱

奥尔多·利奥波德曾在美国东海岸学习林学。22 岁的奥尔多曾经乘坐了几天时间的火车和驿站马车前往西部，并且在那里经历了一段漫长而令人激动的旅行。之后他在亚利桑那州开始了他的第一份工作。那时，捕杀食肉动物也是森林管理员的任务之一。人们认为，彻底消灭食肉动物特别有利于鹿、驼鹿和羚羊的生存。

后来，奥尔多对这个逻辑感到怀疑。他在笔记中写道：

猎 狼

"在那些日子里，我们不会错过任何杀死狼的机会……从那时起，我看到没有狼的山侧出现了越来越多的动物出没的小路，在那里，所有能食用的灌木和幼苗都被吃尽了，在每棵能食用的树上，马鞍高度以下的叶子都不见了……最后，人们所渴望的鹿群因数量过多、食物缺乏而死，它们消瘦的尸体渐渐地变成一堆白骨……"

奥尔多·利奥波德最先认识到把狼赶尽杀绝是一个错误的决定，因为作为猎食者的狼的消失导致了其他动物缺乏天敌，鹿、野猪和其他食草动物得以迅速繁殖。它们吃光了栖息地的所有食物，最后不得不饿死。

奥尔多·利奥波德

在这张摄于 1912 年的照片中，年轻的奥尔多·利奥波德看起来像一个牛仔。他负责管理用于木材供应的树木总量，并确保总是有足够的提供肉类的鹿可以让人们猎杀。

更多的鹿和针叶树：在牺牲大自然的前提下

几年后，奥尔多·利奥波德来到他祖辈的故乡——德国。在那里，他发现许多森林里除了针叶树以外，几乎没有其他植被了，而且除了西方狍和马鹿，森林里也很少能见到其他动物。

他在笔记中写道："在我们美国，大多数州的森林里还能看到熊、狼、老鹰和猫科动物。我们想要更多的鹿和针叶树，但我们是否知道，就跟德国人所做的一样，我们只有牺牲大自然才能达到这个目标？"

美国亚利桑那州是一个干燥的沙漠州，那里的森林都特别宝贵。

1935 年，奥尔多·利奥波德在柏林。他在德国亲眼看见了过多的野生动物会对森林造成怎样的伤害。

这是 1942 年的奥尔多·利奥波德，6 年后，他在抢救丛林大火时牺牲。

在亚利桑那州的阿帕奇－希特格里夫斯国家森林公园，利奥波德第一次认识到森林、野生动物和狼之间的生态关系。

一个新的学科：野生动物管理学

也许正是在亚利桑那州和德国的经历，促使奥尔多·利奥波德创立了一门新的专业：野生动物管理学。但这门新学科的内容并不是学习"管理"野生动物，而是在顾及野生动物和自然需求的情况下，平衡农业、林业、捕猎和旅游业对自然界所提出的各种需求。如果奥尔多·利奥波德能够知道，如今在德国等很多国家，政府部门制定了能够使人类和狼和谐相处的"管理计划"，他一定会感到非常高兴。

美洲山杨

加拿大马鹿

郊 狼

加拿大马鹿

黄石国家公园里的狼

黄石国家公园位于美国落基山脉。落基山脉的原名直译成中文就是"多岩石的山脉"，但那里也有许多森林和草地。国家公园是为了旅游业而开发的自然区域，同时在那里的动物和植物也会受到很好的保护。最初几年，还有著名的美国游骑兵负责公园的安全秩序和自然保护。游骑兵的任务包括：找到迷路的游客，逮捕盗猎者，以及射杀狼。人们猎杀狼的主要原因是想帮助加拿大马鹿。

黄石国家公园里的最后一匹狼在 1926 年被射杀了，但加拿大马鹿却并没有开始天堂般美好的生活。恰恰相反，没有了狼的限制，在公园成立的短短几年内，生活在其中的动物数量激增到了 25000 只。然而到了冬天，常有几百只动物接连被饿死，这是因为加拿大马鹿的数量实在太多了，它们吃光了所有的食物。

河狸和熊回来了

经过多次科学研究，黄石国家公园管理局决定在公园里引进狼。在 1995 年和 1996 年，

有趣的事实

有着白色臀部的鹿

加拿大马鹿和欧洲马鹿是近亲。加拿大马鹿的名字 Wapiti 来自印第安语，意思是"白色的臀部"。

在护林员负责国家公园的秩序之前，这个任务是由游骑兵（上图）完成的。如果森林被破坏，著名的黄石瀑布（下图）的水也很快就会干涸。

工作人员在邻国加拿大捕捉了 33 匹狼，并把它们放进了黄石国家公园。现在，鹿的数量已经减半，而且在国家公园的范围内生活着 500 多匹狼。

公园里的杨树、柳树和浆果灌木等地上植被也开始慢慢恢复，因此加拿大马鹿在冬天也有了更多的食物。对其他物种，如灰熊和河狸来说，食物也明显变得更丰富了。还有更多的变化发生：因为河边和溪边有植被遮蔽，所以这里的水域对鱼类、青蛙还有一些鸟类更具有吸引力。狼吃剩的猎物也吸引了一些"二手食用者"，如乌鸦、老鹰、熊和郊狼等，它们很喜欢吃狼留下的动物尸体。

渡鸦

小美洲山杨

加拿大马鹿

叉角羚

灰熊

柳纹霸鹟

河狸

绿翅鸭

黄石鳟鱼

狼

雨蛙

家就是一切

两匹狼在饭后依偎着休息。

在黄石国家公园和许多其他的北美自然保护区里，一个狼群通常拥有 10 匹以上的狼。这比德国狼群里的狼的数量要多许多，因为德国狼群一般只是由狼父母和同年的小狼组成。虽然美国的狼群也几乎只是家庭成员一起捕猎，但这里的小狼待在父母身边的时间更长，通常是几年。

捕获大猎物需要大家庭

美国狼群较大的原因之一，是这里的猎物的体型也较大。如果有更多的家庭成员，狼群就能够更好地打败驼鹿和美洲野牛。

但这只是一方面的原因。一对年轻的狼夫妇在成立狼群之前，必须先凭自己的力量适应野外生活。它们也确实可以做到这一点。一头在积雪中缓慢移动的驼鹿对野心勃勃的狼夫妇来说，是小菜一碟。实际上动物也会得关节病，落在牛群后面的年老美洲野牛如果患有骨关节炎等疾病，它注定会成为狼夫妇的晚餐。

但食客并不只有辛苦捕猎的那两个。食腐动物已经在"虎视眈眈"了。食腐动物时常会吃别的猎食者杀死的动物，或那些由于事故或

➡ 你知道吗？

成功狩猎往往取决于正确的时机和策略：如果一头年轻的鹿被绊倒，或者跑进由灌木丛或岩石组成的死胡同，那么它的生命就注定要被终结了。

1 狼群强迫逃窜的驼鹿停下来，并且围堵在猎物周围。

2 一部分狼从前面靠近，分散驼鹿的注意力。驼鹿试图进行防御。

3 剩余的狼从后方攻击驼鹿，最后筋疲力尽的驼鹿会因失血过多而死。

狼群高超的狩猎策略

狩猎是团队合作。

疾病而死去的动物。乌鸦是先锋，指明猎物的位置，然后郊狼、熊和狐狸就会随着乌鸦来吃狼剩下的食物。小型狼群如果捕杀了一整头驼鹿，总会有许多食腐动物来一起分享这一顿大餐。也就是说，狼群捕猎的所有努力和付出换来的成果，其中的很大一部分让其他动物受益。这样做的效率很低，因为狩猎应该帮助自己的同类生存。所以，生活在有大型猎物的地区的小狼会在父母身边待更久。生活在猎物主要是中小型动物的地区的狼群所面临的情况则不同，这里不适合大型狼群，它们会因为抢食物而引起不必要的嫉妒、争吵和斗殴。

知识加油站

▷ 狼选择哪一只猎物，取决于猎物的身体状态。

▷ 一般由最有经验，并且最年长的狼发出狩猎的信号，它有时被称为"阿尔法狼"。

▷ 领头狼选定猎物，并且给狼群发出信号，告诉它们应该集中攻击哪只猎物。

▷ 但首先开始撕咬猎物的往往并不是领头狼。在一个经验丰富的狼群里，所处位置最有利的狼会负责对猎物发起攻击。这就像足球比赛一样，很多事情都取决于自发的互相配合。

熊有时候会试图偷走狼的猎物，而且狼也会做同样的事情。

小狼的生活

狼在大约 2 岁时性成熟，这是一个重要的年纪，可以和人类的青春期相对等。特定的激素，即触发情感、欲望等反应的生物化学物质，会使动物感到烦躁不安。这些动物现在想要了解世界——不仅仅是世界，还有自己家族以外的其他同类。

这通常也很符合老狼的需要，因为狼妈妈又生下了狼崽，没有时间照顾较大的小狼。狼爸爸现在也有很多事情要做，由于狼妈妈没法去狩猎，它必须独自承担狩猎的任务。

狼崽由父母或较大的小狼喂食。

小狼当保姆

现在已经完全成熟的小狼会探索领地周围更远处的环境。但它们总是会回家，帮助照顾刚出生的狼崽。狼崽通常在6~8周后断奶，可以改吃食物糊和事先嚼碎的动物肉，这时，由较大的小狼所提供的额外帮助就显得特别重要。

有时候小狼也会帮狼爸爸狩猎，这时就可以看出两代狼的明显差异，狼爸爸是最灵活的狩猎者。虽然在狩猎时，小狼有时候表现笨拙，但没有它们，狼父母也无法成功喂养这么多的狼崽。毕竟狼一胎最多可以产10只幼崽。在德国，由于猎物比较小，所以狼一胎仅产2~4只幼崽。在家里的狼崽们，通常在打猎归来的哥哥姐姐们走到狼窝附近时，就已经满怀渴望地摇着尾巴欢迎它们回家了。然后狼崽会轻轻地撞击哥哥姐姐们的嘴角，使哥哥姐姐们吐出一部分猎物给它们吃。

这群狼生活在德国，它们由狼崽与年纪稍大的哥哥姐姐们，也就是一岁的小狼所组成。

敌人或潜在的配偶：狼能从尿液标记中闻出与同类有关的一切信息。

离开家独自去闯荡

然而，等到幼狼终于度过了最依赖帮助的阶段，就到了最终告别的时候了。年轻的狼在外游荡的时间变得越来越长，并且在某个时刻就不再回来了。现在它们急需去认识其他的狼，并寻找一个合适的配偶。

一路上，年轻的狼会留下自己的尿液，作为给陌生同类的留言。如果想和周围的狼结交朋友，还有一种方法就是在深夜嗥叫。但年轻的狼必须小心，因为不是所有的"尿液信息"都是友善的求偶机会。它们应该仔细闻闻陌生的尿液标记，读取其中的信息，并且保持警惕。这些标记也可能是某些狼所划出的领地边界。大多数年轻的狼会无视这些标记，并且直接在上面尿尿。但这可能会带来危险，因为一旦领地主人恰巧在附近，就会和年轻的狼展开激烈的搏斗，并且可能会直接杀死它们。通常只有立刻逃跑，它们才有机会活命。

狼 嗥

在求偶期间，狼会经常嗥叫。但有些人却认为它们是在对着月亮嗥叫，这种想法完全是迷信，只是嗥叫的狼在月光下比在黑夜中更容易被人们所看见而已。

爱好旅行和心系家乡

徒步旅行记录

2009 年 4 月，年轻的雄狼艾伦在萨克森州被人们所捕捉到，并被戴上了装有迷你发射器的颈圈。到 10 月份，它已经行走了超过 1500 千米的距离。在白俄罗斯边界附近时，发射器失效了，谁也不知道它还继续走了多少路程！

许多雄性小狼在性成熟之前就已经爱上四处徘徊了，例如这匹快要满一岁的小狼艾伦，它和其他五匹狼一起在德国边界的卢萨蒂亚被人们捕捉到，并被戴上了定位颈圈。这次行动的背后是一个由德国联邦环境部所资助的研究计划，通过这个研究，人们可以调查清楚德国狼的迁移和扩散范围。

研究结果的差异很大，令人惊讶：一匹年轻的雌狼在走了 500 米后就停下来了，因为它要造几个狼窝，并且等待那些想要交配的、四处徘徊的雄狼。而小狼艾伦继续向东部地区，也就是它祖先的故乡迁移。

有时候狼会沿着公路离开自然保护区。

狼总是使用鼻子在地上嗅探气味,这是它们
了解某个地区环境的方式。

艾伦穿过了波兰,最后一次定位显示它在白俄罗斯的边界附近——离它位于家乡萨克森州的狼群超过 1500 千米远的地方。迁移有利于狼的种群扩散,但在现代社会,在到处都是公路的地区徒步旅行是一件非常危险的事情。从 2006 年起,仅在卢萨蒂亚就有 15 匹狼被汽车和火车撞倒。

如果狼能幸存下来,并且找到配偶和一块合适的领地,大部分狼都会在离出生地约 50 千米的范围内定居。雄狼倾向于进行充满风险的长途徒步旅行,而雌狼更愿意待在自己熟悉的环境里。

狼会跟着鼻子走

狼迁出自己故乡的原因有很多。一方面,激素会使它们的内心烦躁不安。另一方面,它从环境中已经得到明确的信号:父母不再照顾自己了,狼群中的竞争者太多,而且猎物太少,不够大家分食。也许,人类的建筑、噪声和气味也对狼产生了干扰。

但狼是怎么知道自己已经到达了它所追求的目的地呢?狼主要靠它的鼻子决定在哪里定居。狼的嗅觉和狗一样非常灵敏。狼最喜欢沿着窄道和小路行走,它们能以最快的速度获得关于这片地区的有用信息:哪些野生动物经常在这里出现?有很多人在附近散步吗?有其他的狼吗?如果有,是雄狼还是一匹正在寻找配偶的雌狼?

➡ 你知道吗?

狼的嗅觉细胞数量约是人类的 60 倍,这些神经细胞能够区分化学分子。

狼一生
都保持忠诚

四处徘徊的狼总有一天会找到它一直在寻找的尿液信息：附近有一匹雌狼！现在它更加频繁地停下脚步，并开始嗥叫。如果这匹年轻的狼得到回应，它就会变得越来越兴奋。很快，它就能找到雌狼的踪迹。

当两匹狼相遇时，它们会立刻好奇地互相嗅探对方。雌狼会回避，甚至逃开，但它不会跑太远，这样雄狼就可以再次找到它。两匹狼会欢乐地肩并肩奔跑，它们一起探索这块新的领地，并且一起狩猎。

狼真正的交配期在深冬，这个时间点并不是偶然选择的，因为母狼两个月的怀孕期将要结束时，天气刚好再次变得暖和起来。春天到了，许多动物都产下了幼崽。没有经验的小鹿、西方狍和野猪更容易成为狼的猎物。

雄狼和雌狼：大多数情况下，只有级别较高的狼才能成功交配。

不可思议！

和家犬不同，狼是"一夫一妻制"。也就是说，这对夫妇一生都待在一起。

狼夫妇总是反复地通过互相嗅探来确认它们是否真的"气味相投"。

荒野中的狼窝

交配完成后，雌狼就开始寻找合适的场所来建造一个洞穴，这样它就可以在里面产崽。在倒塌的树的根部，或者陡峭的石坡上，狼可以在短时间内造一个或多个狼窝，而且这些地方通常没有开展农业或林业的人类。为了不给敌人机会，狼妈妈会频繁地搬家。一个好的狼窝最重要的特点就是安静和隐蔽。抚育幼崽的时期是狼唯一一段特别依赖荒野，或类似荒野地区的时期。

然后很快就到了分娩的时候——阵痛开始了，这是所有哺乳动物都会经历的肌肉痉挛，它意味着生产过程已经展开。突然，第一只幼崽被生出来了，它只有几百克重，而且看起来像一团小小的、湿湿的肉球。然后，很短的时间内，其他的幼崽也陆续出生了。在猎物充足的地区，狼妈妈最多可以产10只幼崽。它们在刚出生时仍然通过脐带与母亲相连，但没过多久，狼妈妈就把脐带咬断了。之后狼妈妈开始舔干这些幼崽，并且温柔地把它们推到自己的乳房边喝奶。

差不多两周的时候，幼崽睁开了眼睛。在接下来的几天，它们的牙齿也冒了出来。很快，它们就能吃狼爸爸给它们带来的嚼碎了的肉。对狼爸爸来说，疲惫的时光才刚刚开始，因为没有较大的小狼和它一起狩猎，并且帮忙喂养或照顾幼崽，所以它必须独自为整个狼家庭找到足够的食物。

经过九周的孕期，狼幼崽出生了。它被父母悉心照料，并且可以自由自在地玩耍。

表达方式和良好的教育

① 正常姿态　② 恐　惧　③ 发出攻击威胁

在狼洞里玩耍打闹的时候，幼崽已经会使用它们尖尖的小牙齿了。如果有一只幼崽被其他幼崽忘乎所以地咬了耳朵或者脖子，它就会立刻咬回去。长大后，狼只有在特殊情况下才会用锋利的牙齿撕咬同伴。

狼不会随便对同伴使用牙齿，因为它们有一个清晰的认知：如果一匹狼受伤，它就可能在较长时间内无法参加狩猎，甚至会饿死。

在玩耍中学习面对生活里的难题

幼崽之间的打闹通常是为了食物。谁能吃到最大块的肉？谁可以得到母鹿的大腿？要知道，试图去抢一根骨头甚至小木棍而导致两只狼崽互相厮打，甚至一方持续追逐另一方的情况都并不少见。现在幼崽开始体验为了食物而争吵的滋味，它们会渐渐地明白，自己必须要足够强壮和聪明才能打败猎物和对手。青少年时期的幼狼会互相比试，并且假装自己是"头狼"。幼狼也非常大胆，并且在父母与哥哥姐姐们身上练习如何攻击和制服较大的猎物。父母与哥哥姐姐们一开始也会大度地接受幼狼的这种胡闹行为。

语言规则和象征性的实力较量

慢慢地，小狼必须明白，如果成年狼做出龇牙咧嘴和咆哮的动作，就代表事情非常严重了。如果视觉和声音警告没有用，成年狼就会把小狼的嘴巴放入口中，并用胳肢窝牢牢夹住小狼的头。成年狼现在针对性地咬小狼的嘴巴，是为了让小狼懂得规矩。

面部表情

在狼的语言中，面部表情扮演着很重要的角色。从正常情况下的镇静（图1）到恐惧（图2）与准备攻击的威胁姿态（图3），这三者之间的过渡可能是很模糊的。这意味着，一匹刚开始感到恐惧的狼，可能根据情况瞬间变成攻击状态。与此相反，一匹富有攻击性的狼可能又会变回退缩而恐惧的状态。

狼露出的牙齿是它准备攻击的明显标志。

喂，听我说！今天可真应该轮到你去喂小孩了！

在狼群中，父母是最高的权威，因此它们也被称为"领头狼"或"头狼"，有时也被称为"阿尔法狼"。它们的经验最丰富，所以由它们来决定做什么，这对于以后的团队合作非常重要，特别是在狩猎较大的动物时。

除了经验，阿尔法狼的权威还来自身体和心理方面的能力。然而在较大型的狼群中，如果年轻的狼多年来都生活在家里，并且帮助其他的狼狩猎驼鹿、野牛等大型猎物，那这种力量对比就不是那么明显了。当狼群中的阿尔法狼渐渐衰弱时，就需要马上寻找继任者，但这并不是马上就能决定的事情，首先，被选定的继任者要证明自己拥有接任的能力。

与幼崽不同，成年狼并不通过打斗来决定优胜者，它们只需要表演和象征性地行动就足够了。狼拥有丰富的声音符号、肢体语言和面部表情，并且可以使用它们进行明确无误的沟通。

幼狼拥有特许的言行自由，它们不受等级的限制。

教　训

咬嘴巴是一种特别重要的教育手段。

➡ 你知道吗?

新生狼崽的眼睛就像许多欧洲的婴儿一样，是蓝色的。差不多8个月大的时候，它们的眼睛才会变成典型的黄色狼眼。

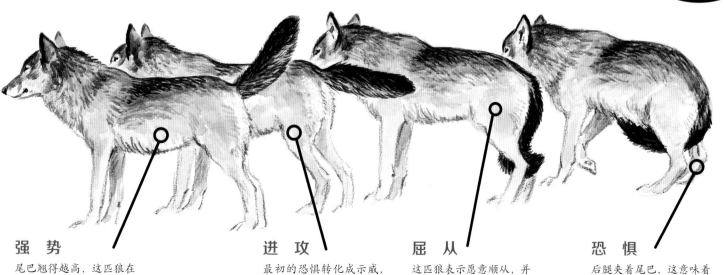

强　势

尾巴翘得越高，这匹狼在狼群中的地位就越优越。

进　攻

最初的恐惧转化成示威，并准备进行攻击。

屈　从

这匹狼表示愿意顺从，并且发出不想打架的信号。

恐　惧

后腿夹着尾巴，这意味着狼因为恐惧而完全服从。

我们可以从狼身上学到什么？

大型猎物，如这头麝牛，只能由大家成群猎食。狼群中的每匹狼都有自己的职责。

我们在动物园和野生动物公园里可以看到，狼群中总是有一些狼在互相挑衅。它们低声咆哮，同时还竖起狼毛，张开嘴唇，露出獠牙，用这种方式来示威。还有一些狼夹着尾巴，顺从地趴在地面上匍匐前进。这真是一幅让人伤心的景象。

只在动物园里才有的等级斗争

其实这种行为在真正的野外是很少见的，甚至完全没有，而是由动物园和野生动物公园中特殊的环境导致的。在野外，小狼一旦性成熟，就可以迁移到其他地方，并且建立自己的狼群。这在动物园和野生动物公园中却是不可能的。那里的动物被强制生活在一起，不管它们愿不愿意，这通常会在狼群中引发糟糕的情绪。

动物园和野生动物公园中的管理人员当然也明白这一点。为了尽量减少狼的愤怒情绪，性成熟的狼经常会被阉割，这有利于园区内的

➡ 你知道吗？

生活在野外的狼很少有严格的等级制度。无论是拥有绝对首领权威的阿尔法狼，还是被所有其他狼呵斥的、位于最低阶层的欧米伽狼，都只在动物园的狼群中才会出现。

咬不下去的牙齿

这行为看起来很危险，但其实很少会有血腥的结局。狼群中的狼不会互相伤害，因为它们还要互相依靠。

和平，但有时也会导致狼群情绪的低落消极。管理良好的野生动物公园会对此提供一些解决方案，例如饲养员会使狼参与到游览项目之中，这些项目能给狼的生活带来一些变化，这样它们就不用总是闷得发慌。

狼群中的每匹狼都需要任务

为什么生活在野外的，甚至是性成熟的狼，通常能比园内的狼更友好地与同伴相处？原因有两个：一方面，只要这些狼愿意，它们就可以随时离开狼群；另一方面，它们通常不会这样做，因为群体生存更加容易，例如在共同狩猎或照顾后代的时候。

建立狼群的阿尔法狼自然而然地拥有权威，它不需要一直费心去争夺权力。阿尔法狼主要负责狼群的团结。优秀的阿尔法狼拥有很强的社会能力，它会通过惩罚手段化解矛盾，并且在较大的集体行动时也能很好地分配任务：谁来当我的助手？狩猎时，谁留在最后，并且不让猎物逃脱？

众所周知，出色的阿尔法狼在带领狼群出行时，总是会等待落在后方的狼，因为它非常清楚地知道狼群中的其他狼需要什么。当它接近一匹幼狼时，也会尽量使自己的体形看上去更小，并发出类似于幼狼的呜咽声，这样幼狼就不会感到害怕。

业余研究者维尔纳·弗洛因德在他的狼群保护区挑战人类极限，他融入了一个狼群，并且在狼群中扮演狼。

狼露出獠牙代表它随时准备进攻。

在德国，优质的野生动物公园和动物园会向游客解释狼的行为，比如德国的德尔费尔登地区的狼中心。

狼群中的霸凌现象

野生狼群中的每一匹狼都被大家需要，所以基本上不存在被所有狼欺负的欧米伽狼。欧米伽狼就像是一个在班级里被其他同学排挤的人。

如果一匹狼或一位同学被欺负，这往往只能说明一个很不对劲的事实：这个群体缺乏一个所有人共同参与的合作项目，在这个项目中，每个人都能得到一项合适的任务。通常，霸凌现象的出现也说明这个群体拥有一匹领导力不足、不够强大的阿尔法狼。奇怪的是，欧米伽狼却要因此而承担责任，并且在这个群体中发挥另一种奇怪的作用：它成了狼群中其他狼的出气筒，所有狼都向它发泄累积起来的怒火和挫败感。

狼的迁移

早在石器时代，欧洲的人类和狼就曾经分享同一块栖息地，并且常常住得很近。后来人类发明了火器，在火器的帮助下，人们把食肉动物赶到了偏远地区。因此狼被认为是"荒野的化身"，到现在也没改变。当被问到"欧洲哪里还有狼"时，许多人马上想到的仍然是俄罗斯、瑞典、挪威等国家的无人区。

但这种想法是错误的。狼可以生活在任何地方，只要有足够的食物，并且不被人类驱赶，几乎所有的栖息地都适合狼生存。在整个欧洲，包括俄罗斯在欧洲的部分领土，一共生活着约2万匹狼。

目前意大利境内的狼的数量（约400匹）至少是整个斯堪的纳维亚半岛的两倍。据估计，有2200匹狼生活在西班牙和葡萄牙，800匹狼生活在波兰。意大利的狼群早就在瑞士和法国形成了分支。罗马尼亚的狼群是欧洲中部数量最多的，那里生活着约2500匹狼。东南欧大约有1万匹狼，人们推测，仅在土耳其就有7000匹。截至2013年，德国约有120匹狼，它们生活在22个狼群里。

关于狼的法律

2013年，世界自然保护联盟在濒危物种红色名录中把狼归类为"无危"动物。在1996年时，狼在该名录中还属于"濒危"动物。1992年生效的一系列欧洲生物物种保护法把狼列为"共同严格保护的物种"，这意味着，欧盟国家必须把保护狼写入本国的法律。自1990年以来，德国《联邦自然保护法》一直把狼列为"严格保护的物种"。很遗憾的是，有些国家对狼的保护还远远不够。

罗马尼亚的狼

它们分布在罗马尼亚喀尔巴阡山脉的野生森林。这里拥有全东欧最多的狼。这些狼不仅生活在野外，还在城镇里游荡，并且洗劫人类的垃圾桶。人们通常会躲避和忍耐这些狼，但有时也会猎杀它们。

迁居到德国

狼是一种在不同地区间不断移动的动物，这种"迁移"有时候甚至会跨过国界。狼重新生活在德国的原因，是它们从波兰往西边进行了迁移。迁移的狼在德国多次遭到了枪杀，在1948年，就有超过30匹狼在德国被射杀。一开始这是合法的，但在1990年以后，射杀狼成为违法的行为。

2000年，在人们的关注下，从波兰迁移过来的狼在德国生下了狼崽。

在西班牙，狼有时也生活在农民的田里。

不可思议！

大约在公元前2万年，就已经有狼生活在欧洲了。人们在法国南部的一个洞穴里发现了一幅保存完好的狼的壁画。科学家们估计，这幅壁画是在公元前1.4万年左右绘制的。

200
斯堪的
纳维亚半岛

800
波 兰

120
德 国

2200
西班牙和葡萄牙

400
意大利

2500
罗马尼亚

7000
土耳其

生活在土耳其的狼

　　2003 年以前，土耳其把狼视为猎杀其他野生动物的掠食者，因此人们全年都可以开枪射杀狼。现在，它们至少被人们平等地对待。为了保护数量渐渐减少的狼，人们设立了一条"生态走廊"，那里有原始的森林、茂密的灌木和蓬勃旺盛的草原。除了许多其他濒危物种之外，狼也在那里找到了受保护的避难所。

现存的狼的数量是人们在某一时刻预估的数量，因此这些数据会不断地变化。一年内，可能会有新的狼出生、迁入、迁出或被猎杀。虽然在这张图中没有列出，但在青绿色标示的大片地区（如瑞士、法国或斯洛文尼亚）也生活着狼。

越来越多的狼

村庄周围的狼：狼和人类可以互相适应。

这匹深夜里的狼由特殊的相机拍摄。

当狼渴望伴侣，并且需要寻找新领地时，它们就会四处迁移。它们并不需要把目标定在很远的地方，有时在狼群的周围就能找到合适的领地，以及其他寻找伴侣的同类。尤其是雌狼，它们通常更喜欢在家附近定居。而年轻的雄狼会迁徙到更远的地方。一般来说，健康又年轻的成年狼可以徒步旅行几百千米，难怪出生在萨克森州和勃兰登堡州的狼会迁移并定居在德国的其他州。

有些耕田的农民保留了许多灌木，这样做对保护物种多样性有很大的帮助。

在工业区和农业区之间徘徊的狼

在德国，位于勃兰登堡州和萨克森州的褐煤矿区（上图）是狼最常使用的狩猎场之一。即使在管理良好的人文景观区（下图），狼也能感觉很舒适，西方狍、兔子和鹿也是如此。

如今人们在梅克伦堡－前波莫瑞州、萨克森－安哈尔特州、下萨克森州和石勒苏益格－荷尔斯泰因州都发现了由家族组成的狼群和形单影只的孤狼。当你正阅读这本书时，人们可能又在德国其他的州发现了几个新的狼群。

狼真的能生活在我们附近吗？

大约四分之三的德国人生活在城市。如果乘坐火车或汽车穿越德国，你会看到许多城群。那里有许多建筑物，以及各种各样的街道与商业园区。商业园区位于城市郊区地段，在那里可以看见大型家具店、建材市场和许多停车场。而在这些水泥建筑区外，主要的景色是管理有序的田地和森林。

狼生活在这种彻底文明化的地区，甚至生下幼崽，听起来似乎不太可能。但这确实存在。人们发现了一些来自西班牙的案例：那里的狼多次在玉米田里建造自己的狼窝，并且在那里养育幼崽。其实这些狼选择的时机非常合适，因为当人们在夏末收割玉米时，小狼已经长得足够大，不用再依赖狼窝的保护了。

狼可以在城市生活

一般来说，狼可以在城市中很好地生存下去。几年前，在罗马尼亚的布拉索夫市（约有23万居民），有一匹母狼定期穿过城市的大街小巷，去翻找垃圾桶里的食物以及捕捉兔子。后来，人们还看见与它一同迁徙的幼狼在城市的路灯下飞奔而过。路人要么对此并不介意，要么把狼误认成了流浪狗。

如果一匹狼在其他国家的城市，例如德国柏林四处漫步，人们可能会比布拉索夫的居民要紧张得多。

知识加油站

▶ 人类的城市化和大规模的农业生产并没有抵挡住狼的扩散。

▶ 生活在农村的人越来越少，这样狼也会更少受到干扰。

▶ 狼的主要猎物西方狍和野猪，早已习惯了大面积的耕地。野猪特别爱吃人类种植的玉米，而西方狍喜欢金黄色的油菜。

共同生活的难题

15只绵羊于 2013 年在萨克森州被狼咬死。

在进化过程中，狼已经成为地球上最成功的动物之一。狼发达的大脑和良好的社交能力使它可以快速适应新的环境，而且狼的这些能力与人类很相似。

猎区里的混乱?

在人文景观区狩猎鹿、西方狍和野猪时，狼是无与伦比的精准猎人，这让很多人都感到害怕。许多猎人不希望猎区里出现新的"高效猎手"，担心狼会给他们精心管理的野生动物们带来不安和混乱。绵羊、山羊等家畜的主人则更加担心狼危害到他们的财产。

这些担忧——至少其中的一部分，是有道理的。就像人类一样，狼也喜欢能够轻松得手的猎物。被人类喂养在冬季栅栏中的西方狍和鹿，让狼觉得这里就像一个自助服务商店。还有在草地上自由吃草的、无人保护的家畜群，也让狼有同样的感受。

在 2002 年到 2013 年之间，仅在德国的萨克森州，就有 402 只家畜被狼咬死，其中大部分是绵羊。

狼对人类来说有多危险?

即使很多人不用担心西方狍或绵羊，他们也不希望在人文景观区出现狼。一只可以咬断马鹿脖子的猛兽也可能会给人类带来危险。

根据 2002 年的一项科学研究显示，在过去的 50 年里，欧洲一共有 59 人受到狼的袭击，其中 38 例被查出狂犬病，并且有 5 人死亡。

作为绵羊迷的狗

训练过的狗会把绵羊聚集在一起管理，而未经过训练的狗看见绵羊会流口水。在有些咬死绵羊的事件中，流浪狗才是真正的作恶者。

防护栅栏

用来抵御狼的电子栅栏的高度超过 1.2 米，它可以给家畜提供安全保护。

开满石楠花的吕讷堡草原上，牧羊人一直在思考如何更好地保护他们的动物。

　　意大利、法国和西班牙的某些地区是狼的栖息地，同时也是备受人们喜爱的徒步旅行区，实例证明，健康的狼一般不会攻击人类。

狼类管理创造宽容的环境

　　为了降低狼带来的损害，并且减少人类的恐惧，相关部门制定了"管理计划"，其中包括预防措施和明确的责任分配。畜牧人从中学习如何通过电子栅栏和经过训练的护卫犬来保护家畜，以及他们在哪里可以获得相关的政府补贴。他们还能从中了解到，万一羊落入狼口，畜牧人该如何获得赔偿。

　　一些猎人认为自己的野生动物在不断地受到狼的惊吓，但他们并没有权利要求赔偿。德累斯顿工业大学的一项研究结果表明：鹿、西方狍和野猪通常都会保持冷静，只有当狼认真起来，它们才开始奔跑。研究人员对狼的猎物残骸进行了调查，得出了关于猎物的年龄和身体状况的结论。狼专家对这个结果并不感到惊讶，并且在所有欧洲地区，调查结果是相似的：狼主要捕猎年幼、缺乏经验以及年老体弱的动物。而正值壮年的健康动物通常可以成功逃跑，尤其是野猪、马鹿、驼鹿等体形庞大、防御能力强的动物。然而，这并不是说年轻的猎物们可以放宽心，任何年龄段的野兔、西方狍、雉鸡和山鹬都应该提防着狼，即使它们自身非常健壮。

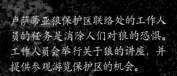

卢萨蒂亚狼保护区联络处的工作人员的任务是消除人们对狼的恐惧。工作人员会举行关于狼的讲座，并提供参观游览保护区的机会。

采访野生生物学家

姓　名：格萨·克鲁特
年　龄：43
职　业：狼类研究专家

狼类研究专家清楚地知道哪些踪迹是属于狼的。

狼类研究专家是如何工作的？

格萨·克鲁特：我们的客户，例如萨克森州环境部，要求我们找出有多少对狼夫妇，有多少个狼家族，还有调查狼的数量有怎样的变化，以及狼会捕食什么样的猎物。为此我们设置了自动照相机，只要有狼经过，就会触发拍照机制。我们还会检查狼的粪便和猎物的残骸。

某些工作内容听起来似乎相当恶心和可怕……

塞巴斯蒂安·克尔纳：一个生物学家并不会这样认为。我们在干燥狼粪中可以找到未经消化的西方狍毛发和兔牙。和厉害的侦探一样，野生生物学家可以仅从一些骨头中看出动物的种类或性别，以及它的年龄与健康状况，这样我们就能知道狼吃什么样的食物。

那么您经常待在野外工作吗？

格萨·克鲁特：如果是这样就好了！事实上，我们大部分时间都坐在电脑前，不停地输入和评估我们的数据。我们在一些动物身上安放了信号发射器，这样我们就能在电脑上追踪它们睡觉的地点，统计它们行走的时间，以及了解它们狩猎的地点。除此以外，我们还要参加很多会议，并且打许多电话。如果天气很理想，例如冬天刚下了新雪，我就会放下手里的工作，去寻找狼的踪迹。狼真的让人以各种方式忙个不停！

您拍摄并且研究狼也有一段时间了，狼是否已经对您感到熟悉？

格萨·克鲁特：我们不会试图接近狼，也不会让它们熟悉我们，这不属于我们的工作。当然，狼有可能知道我们的气味。

嗯，你猜我闻到了什么？这里肯定藏着狼类动物研究人员！

姓 名：塞巴斯蒂安·克尔纳
年 龄：50
职 业：生物学家和狼类摄影师

您担心过狼会给您带来危险吗？

塞巴斯蒂安·克尔纳：不，从来没有。狼很聪明，它们不想惹上人类的麻烦。实际上，我更害怕森林里的猎人，在黄昏时，他们可能会误以为我是一头野猪。

格萨·克鲁特：狼很谨慎，它们害怕新事物和未知的东西。只要狼和人类各过各的生活，一切都很好。人类给狼喂食的行为才会引发真正的问题，因为那样狼就会对人类产生兴趣，并且把人类当作食物来源，这是很危险的。

克尔纳先生，您是如何成为一名狼类摄影师的？

塞巴斯蒂安·克尔纳：尽管我学了生物学，但是研究狼对我来说更像是一场意外——我爱上了一名狼类研究员。格萨充满热情地告诉我，狼是非常有趣的动物，并且还有很多需要人们去了解的地方，所以我成了狼类摄影师。

您拍摄的时候离狼有多近？

塞巴斯蒂安·克尔纳：我当然想从更近的距离拍摄狼。对我的1200毫米长焦镜头来说，最佳拍摄距离大约是60到120米。而且我相信狼认识我的气味，当我去它们的约会地点时，它们并不会感到不安。为了可以在那里更好地拍摄狼，我通常需要在狼出现之前一声不响地等上三到四个小时。

那您可以吃东西吗？如果您必须上厕所怎么办？

塞巴斯蒂安·克尔纳：我会事先去卫生间，人类尿液对狼来说气味也很浓。而吃东西是完全不可能的，肉肠的香味和奶酪的气味会使动物立即注意到我。但我通常会吃一颗糖果，这样我就不会太饿。

野狼生物所听起来像是一个很棒的工作场所。请问如何才能在德国成为野生生物学家？

格萨·克鲁特：这的确是一份令人兴奋的工作。遗憾的是，在德国，这个领域的工作机会还是很少的。但在未来，我们有必要让更多的年轻人对此感兴趣。人们将来肯定会需要在野生动物和人类的利益之间进行调节的职业。

80米外有一匹狼！这个距离对超长焦镜头来说不是问题，而且身穿"3D迷彩服"就不会被发现。

追踪狼的痕迹

这个狼爪印几乎和人的手掌一样大。狼不能收起爪子，人们很容易看见它爪印上的爪尖部分。

德国早就成了狼的迁入国，西德和东德的统一使食肉动物更容易穿越东部边界。2000年，在经过很长时间后，首次又有小狼在德国出生。

怎么确定狼住在这个地区？

每一个狼群都占据着一块界限分明的领地，它们一般不能容忍自己的领地上有陌生的狼出现。狼类研究专家可以找出这些领地的所在地，利用特殊的电脑程序，在地图上显示它们的位置。现在，游客们就可以去探索狼的领地了。大部分居住着狼的地区都可以通过公路和小路进入，然而，寻找狼的行踪并不容易，因为狼的领地面积太大。在德国，一个狼群的领地面积可达100平方千米以上，有时甚至会超过300平方千米。

狼喜欢在森林小径上漫步，因此探索的人们最好在路边寻找狼爪印或粪便标记。粪便标记也经常位于显眼的位置，如在树桩和十字路口旁。狼的踪迹通常是直线型，目的性很明确。在你有能力与父母朋友一起，或独自前往狼的领地寻找狼的踪迹之前，最好先参加由专家带领的有关狼的郊游项目与踪迹探索活动。有些地方甚至提供有狼出没的步行小路和自行车道路的夜游项目。

一匹被麻醉了的狼的脚爪。

狼类研究

一匹狼落网了，并被人们注射了麻醉药。它会被戴上装有迷你发射器的颈圈，这样，研究人员就可以通过无线电追踪它的迁徙路线。

与狼共用的徒步小路

走在路上的森林游客是狼可以预见的，因此狼不会因此而感到害怕。有时狼甚至也会使用人类的徒步小路！

石勒苏益格-荷尔斯泰因
汉堡
梅克伦堡-前波莫瑞
不来梅
下萨克森
勃兰登堡
柏林
萨克森-安哈尔特
北莱茵-威斯特法伦
黑森
图林根
萨克森
莱茵兰-普法尔茨
萨尔
巴伐利亚
法国
巴登-符腾堡
奥地利
瑞士

德国的狼

通过监测，科学家们收集和评估了来自德国各地的狼的数据。

● 狼群
● 狼夫妇
○ 孤狼

德国的大部分狼和狼群都生活在柏林附近，以及勃兰登堡州和萨克森州。

在德国的森林中又能听见狼的噪叫声了。

➡ 数量纪录

79% 的德国人认为，狼以自然方式恢复数量，并重新在德国定居是件好事。

你必须遵守哪些规则？

其实你只需遵守一条重要规则：绝对不能离开道路。狼可以预测与路上行人的距离。而在灌木丛和树丛中四处搜寻的人会使狼感到害怕。当受到惊吓的狼闻到人类的味道时，它们就会逃跑，甚至可能会攻击人类。狼窝通常离路边较远，所以在路上很难看见它们。如果有人发现了狼窝，切记千万不能前去狼窝查看。人们可以利用双筒望远镜观察狼的洞穴，并且根据入口处的情况来判断洞里是否有狼居住，因为狼会清除自己洞穴前的树叶和树枝。通常狼很不愿意被人看见，但如果谁的运气特别好，碰到了一匹狼，就应该选择视而不见，并且继续正常行走。如果狼感觉到有人在观察它，它就会很快地跑掉。但有时候它也可能不逃跑，而是对人类亲近和好奇。遇到这种情况，你一定要报告给相关部门，不怕生的动物不会尊重人类，并可能会让你的处境变得危险。

比偶遇一匹狼更可能发生的事情是听到狼的噪叫声。狼用噪叫的方式来宣示自己的领地，但它们也会通过噪叫来表现出彼此之间的好感和归属感。在此并不建议大家模仿狼噪，狼可以分辨出人类的噪叫声，它们会立即沉默。有时候，狼甚至可能会回应。但我们无法明白它们想用噪叫声来告诉我们什么。

名词解释

物种多样性：生活在某个栖息地内的动物和植物的多样性。像美国黄石国家公园重新引入狼类，就是增加物种多样性的一个例子。

生物多样性：包括物种多样性、生态系统多样性和遗传多样性。

驯化：人类通过驯服野生动物把它们变成家畜。这需要好几代的培养过程。与野生动物不同，家畜会依赖人类，例如狗。

遗传多样性：一个物种群体内的遗传信息（遗传因子）越不同，后代的先决条件就越好。狼必须通过迁移的方式来更新遗传信息。

嗥叫：狼通过一起嗥叫的方式来巩固它们对自己狼群的归属感，并与附近的狼群交流。有时狼也会回应人们的嗥叫声。

管理计划：其中规定了目标、预防措施、责任分配等。狼管理计划通常由已有狼生活的，或者预计有狼迁入的地区的环境部门制定。

监测：针对狼的系统性记录、观察和监视被称为狼类监测。监测方法包括遥测、寻找踪迹、检查猎物残骸和照片记录。询问猎人和林务员也属于狼类监测的一部分。

营养级联：因为食肉动物的数量增多，以至于对其他动物来说，栖息地和食物供应的状况都变得更好了，科学家把这种现象称为"营养级联"。

生态金字塔：在生态金字塔中的情况与营养级联相反，栖息地中的食物决定了猎物和掠食者的数量。

生态学：研究生物体与其周围环境相互关系的一门学科。狼类研究人员负责研究狼的行为，以及它们的生态。

生态系统：根据特定标准所限制的、生物相互之间的关系结构，以及生物与其生存环境之间的关系结构（如湿地生态系统）。

种群总量：生活在特定栖息地的某个物种的个体数量总和。

领地：每个狼群都占据一块范围明确的领地，它们一般不能容忍陌生的狼进入自己的领地。在德国，一块领地的面积可能在 100~300 平方千米之间。

猎物残骸：捕食者所捕获的动物遗骸。野生生物学家通过检查猎物残骸可以确认猎食者是哪种动物，以及评估猎物生前的健康状态。

雄狼：雄性的狼，通常负责守卫整个家族。

狼群：一个狼群通常是由 5 到 10 匹狼所组成的家族。这些狼群的成员通常是狼父母与它们前一年所生的小狼。如果有大型猎物，参加狩猎的狼群会更大。

活动范围：一只野生动物所使用的栖息地的大小。它与领地不同，狼会捍卫自己的领地不受同类的侵扰，尤其是在繁殖期间，而狼的活动范围是重叠的。有些狼的活动范围超过 1000 平方千米，然而在德国，它们的领地很少超过 150 平方千米。

遥测：通过无线电或卫星远程传输技术所测量的数值。有时候狼会被人们抓捕到，并且人们会给它戴上装有信号发射器的颈圈，这样研究人员就会不断地获得关于这匹狼的停留地的信息。

尿液和粪便：狼的排泄物同时也是边界标记和"身份证"。通过这些标记，狼能知道领地的位置，并且了解同类的激素状况。

狼崽：狼的幼崽（在德语中，狼崽与狗崽是同一个词）。大约经过半年时间，狼崽就能长成幼狼。

野生生物学：研究野生动物行为、生态和野生动物管理的一门学科。

图片来源说明 /images sources：

akg-images: 13 左上 (H. Rasch), Aldo Leopold Foundation: 22 右上 (Courtesy of the University of Wisconsin/Madison Archives/ Aldo Leopold Foundation), 23 中 (Aldo Leopold Foundation and UW Archives), Archiv Tessloff: 17 右, 19 右, Arco Images:7 左上 (H. Mahr/imagebroker), Blickwinkel:42 右上 (G. Kopp), Brandstetter, Johann : 8 左上，8 右下, Corbis : 2 下 (B. Hedges), 2 左中 (E. P. Bauer), 3 下 (J. Vanuga), 23 右中, 25 左上 (B. L. Singley), 28 (背景图 – J. Brandenburg), 30 右下 (B. Hedges/NGS), 31 左上 (C. Schneider), 36 右上 (J. Brandenburg), 38 右中 (R. Navarro/Foto Natura), 46 下 (J. Brandenburg/Minden Pictures), F1online/Mint Images : 39 右上, Gartner, Herbert : 14 左下, Getty: 6 右下 (N. J. McCollum), 9 右下 (D. Heinz), 10/11 中 (M. Moos), 12 上 (B. Downard), 23 右上 (M. Newman), 24 中下 (J. Wang), 30 左上 (F. Ramspott), 31 右中 (UniversalImages- Group), 42 右下 (J. L. Jaquish ZingPix), 47 上 (D. MacDonald), Grabe, Herbert : 14 中下, 14/15 (背景图), Koerner, Sebastian, www.lupovision. de : 3 右中, 9 左下, 14 右下, 20 右下, 29 左下, 29 右中 (NDR-Naturfilm, S. Koerner), 44 左上, 45 左上, 45 右下, 46 右中, 46 左下, Kossack : 40 右上 (Kossack, Grauslich), LOOK-foto/age fotostock : 25 左中, 29 右下, 33 左下, 4/5

(背景图), National Geographic:7 左上 (J. Brandenburg), 24 左 (F. G. Baptista), 25 右 (F. G. Baptista), Nature Picture Library: 6 中上 (P. Cairns), 6/7 (背景图 – J. Turner), 7 中上 (R. Seitre), 13 左下 (S. Widstrand), 20 (背景图 – J.Vanuga), 26 右中 (P. Cairns), 27 (背景图 – Wild Wonders of Europe/Widstrand), 32 右上 (E. Baccega), 37 中 (B. & C. Alexander), 46 右上 (Shattil & Rozinski), www.wolfcenter. de: 37 左下 (A. Weil), 43 右中 (J. Okon), 43 右下 (Kontaktbüro), Okapia : 43 (背景图 – W. Rolfes), Picture Alliance: 6 右上 (Mary Evans Picture Library), 10 中上 (Costa/Leemage), 22/23 (背景图 – H. Wilhelmy), 37 右上 (G. Kopp), 39 左上 (I. Wagner), 40 左上, 38 右下 (Mary Evans Picture Library), Photoshot/NHPA : 38 右上, Promberger : 5 中上, 5 右中, 12 右中, 32 左下, 32 右下, 34 下, 39 左中, Shutterstock : 11 左上 (Tshirt Designs), 11 右中 (jocic), 11 右下 (wongwean), 15 右下 (Bart_J), 16 右中 (V. Burdiak), 16/17 (背景图 – Roberaten), 18 右中 (Koshevnyk; Rentier), 18 右中 (N. Nouwens; Hirsch), 18 右中 (basel101658; Wildschwein), 19 (背景图 – Roberaten), 21 (背景图 – Roberaten), 22 中 (M. G. Saavedra), 24/25 (背景图 – Roberaten), 30/31 (背景图 – Poznukhov Yuriy), 37 (背景图 – Roberaten), 38/39 (背景图 – Roberaten), 39 (背景图 – Vertes Edmond Mihai), 42 左下 (Chiyacat), 44 中 (LHF Graphics), 44 右下 (NuConcept), 44/45 (背景图

– Roberaten), 47 左中 (A. Gabalis), Sol90images : 21 右上, Thinkstock : 17 左下 (E.Isselée), 17 中下 (S. Volkov), 35 右中 (L. Bystrom), 41 左下 (LianeM), 48 右上 (R. Waddell), Vario Images : 1 (背景图 – M. DeYoung), 2 左上 (M. Weber/ imagebroker), 3 右上 (J. und C. Sohns), 13 左上 (imagebroker bilwissedition), 18 右上 (T. Kitchin und V. Hurst), 26 上 (M. Weber/McPHOTO), 27 左中 (J. Hyde/ Alaska Stock), 29 中上 (J. & C. Sohns/imagebroker), 33 (背景图 – Design Pics), 33 右上 (E. Thielscher/ McPHOTO), 33 右中 (J. Hager/RHPL), 35 右中 (C. Heinrich/imagebroker), 35 中 (C. Heinrich/imagebroker), 36 下 (M. Weber/image broker), 44 中 (D. Ponton), 47 左下 (imagebroker), Zieger, Reiner: 8 左下, 9 左上, 16 上, 21 下, 34 左, 35 下, 40/41 (背景图), Zimen, Erik: 15 左上, 15 右上

环衬 :Shutterstock (VikaSuh) 右下

封面照片 : 封 1 : Corbis (Jasper Doest/Foto Natura/Minden Pictures), 封 4 :Corbis (John Hyde/AlaskaStock)

设计 :independent Medien-Design

内 容 提 要

　　本书详细地介绍了野狼的外形特征、生活习性，带领读者进入一个惊心动魄的野狼世界，让我们领略野狼的凶猛与机警。《德国少年儿童百科知识全书·珍藏版》是一套引进自德国的知名少儿科普读物，内容丰富、门类齐全，内容涉及自然、地理、动物、植物、天文、地质、科技、人文等多个学科领域。本书运用丰富而精美的图片、生动的实例和青少年能够理解的语言来解释复杂的科学现象，非常适合 7 岁以上的孩子阅读。全套图书系统地、全方位地介绍了各个门类的知识，书中体现出德国人严谨的逻辑思维方式，相信对拓宽孩子的知识视野将起到积极作用。

图书在版编目（CIP）数据

　　狼的故事 /（德）蒂尔·梅耶尔著 ；张依妮译 . --
北京 ：航空工业出版社，2022.3（2023.10 重印）
　　（德国少年儿童百科知识全书 ：珍藏版）
　　ISBN 978-7-5165-2904-1

　　Ⅰ . ①狼… Ⅱ . ①蒂… ②张… Ⅲ . ①狼－少儿读物
Ⅳ . ① Q959.838-49

　　中国版本图书馆 CIP 数据核字（2022）第 024946 号

著作权合同登记号
图字 01-2021-6319

WöLFE Im Revier der grauen Jäger
By Till Meyer
© 2013 TESSLOFF VERLAG, Nuremberg, Germany, www.tessloff.com
© 2022 Dolphin Media, Ltd., Wuhan, P.R. China
for this edition in the simplified Chinese language
本书中文简体字版权经德国 Tessloff 出版社授予海豚传媒股份有限
公司，由航空工业出版社独家出版发行。
版权所有，侵权必究。

狼的故事
Lang De Gushi

航空工业出版社出版发行
（北京市朝阳区京顺路 5 号曙光大厦 C 座四层　100028）
发行部电话：010-85672663　010-85672683

鹤山雅图仕印刷有限公司印刷　　　　　全国各地新华书店经售
2022 年 3 月第 1 版　　　　　　　　　2023 年 10 月第 3 次印刷
开本：889×1194　1/16　　　　　　　字数：50 千字
印张：3.5　　　　　　　　　　　　　定价：35.00 元

 **船的故事** 从独木舟到远洋帆船

 **飞机的秘密** 人类飞行的梦想

 **火山探秘** 来自地底的火焰

 **七大奇迹** 上古时期的宝藏

 **汽车世界** 精彩的汽车发展史

 **鲨鱼家族** 海洋里的冷酷猎手

 **百变天气** 阳光、风和暴雨

 **穿越大自然** 探究与保护

 **鲸和海豚** 海洋里的哺乳动物

 **恐龙王国** 永远消失的地球霸主

 **矿物与岩石** 闪闪发亮的宝藏

 **爬行与两栖动物** 壁虎、林蛙和巨蟒

 **大自然的力量** 难以估量的威力

 **改变世界的电** 高电压与导体

 **各种各样的鱼** 水下的奇妙世界

 **猫的家族** 拥有家欢利爪的老练猎手

 **奇境森林** 动物和植物的天堂

 **忠诚的狗** 四只爪子的英雄

 **浩瀚宇宙** 宇宙的秘密

 **狼的故事** 走进灰狼错综复杂的世界

 **蚂蚁和白蚁** 了不起的建筑师

 **美丽的蝴蝶** 色彩斑斓的善舞精灵

 **蜜蜂和胡蜂** 出色的授粉者与勇猛的猎手

 **潜水的魅力** 潜入水下的迷人世界

 **古老的希腊文明** 诸神、英雄和诗人

 **古罗马生活** 古罗马城的社会百态

 **欧洲风情** 人口、国家和文化

 **骑士时代** 城堡、比武大会和宫廷女性

 **舞动的音符** 走进音乐的奇妙世界

 **古老的城堡** 中世纪的见证

 **熊的秘密生活** 棕熊、大熊猫、北极熊

 **化石档案** 生命的快迹

 **奇妙的昆虫** 六条腿的生存艺术家

 **极地世界** 生活在冰雪王国

 **神秘的蜘蛛** 丝线上的猎手

 **大象王国** 善和的"巨人"

 **海底宝藏** 沉没的宝藏

2023 NEW

 **海洋之谜** 海洋研究与保护

2023 NEW

 **火星登陆** 红色星球定居计划

2023 NEW

 **忙碌的农场** 动物、植物和农业机械

2023 NEW

 **时尚魅影** 时尚的古与今

2023 NEW

 **全球气候** 冰期和气候变化

202 NEW